Abhandlungen
der Bayerischen Akademie der Wissenschaften
Mathematisch-naturwissenschaftliche Abteilung
Neue Folge. 4.
1929

Ergebnisse der Forschungsreisen Prof. E. Stromers in den Wüsten Ägyptens

V. Tertiäre Wirbeltiere

4. Stromeria fajumensis n. g., n. sp., die kontinentale Stammform der Aepyornithidae, mit einer Übersicht über die fossilen Vögel Madagaskars und Afrikas

von

K. Lambrecht

Budapest

Mit einer einfachen und einer Doppeltafel

Vorgelegt am 9. Februar 1929

München 1929
Verlag der Bayerischen Akademie der Wissenschaften
in Kommission des Verlags R. Oldenbourg München

Inhalt

——————————

Zur Einleitung.

C. W. Andrews beschrieb 1904 (1) in dem von Forsyth Major in Zentral-Madagaskar gesammelten Aepyornithiden-Material das Becken und die hintere Extremität von *Muellerornis Betsilei* Milne-Edwards und Grandidier G. und einen fragmentarisch erhaltenen Tibiotarsus aus dem Obereozän (?) des Fajum. Dieser *Eremopezus eocaenus* benannte Tibiotarsus stammt aus der „fluviomarinen Serie" nördlich der Birket-el-Qerun (2). Aus denselben Schichten stammen *Arsinoitherium, Saghatherium, Megalohyrax, Moeritherium* usw. Wie es sich später herausstellte (vgl. Stromer 3), gehören diese Schichten (Qatrani-Stufe) zum unteren Oligozän.

Gelegentlich einer Studienreise im Frühjahr 1928 fand ich nun in der paläontologischen Staats-Sammlung zu München drei, meine Aufmerksamkeit sofort auf sich lenkende Knochenstücke mit folgender Etikettierung:

No. 1914 I. 52. Eremopezus eocaenus Andrews. Ischium? Pubis? Oligozän, Qatrani-Stufe, N. des Fajum. Ägypten, Markgraf leg. 1913 und

No. 1914 I. 53. Eremopezus eocaenus Andrews. Tarsometatarsus, Oligozän, Qatrani-Stufe, N. von Dimeh. Fajum, Ägypten.

Fundort nnd Alter, sowie Sammler wurden von Prof. E. v. Stromer notiert, die Bestimmung stammt aus der Feder Prof. M. Schlosser's.

Natürlich fielen mir die Objekte sofort auf, da es sich ja um eventuelle Bereicherung unserer dürftigen Kenntnisse über *Eremopezus* handelte. Auf meine Frage, auf welchen Grund Prof. Schlosser die Objekte zu Andrews's *Eremopezus* stellte, erhielt ich die Antwort, das müßte ich als Spezialist entscheiden.

Prof. Stromer sandte die Stücke mit a. m. zu mir nach Budapest, wo ich monatelang nicht entscheiden konnte, wohin, in welche Ordnung der Vögel die fraglichen Reste, besonders aber der Tarsometatarsus zu zählen sind. Die Bestimmung des fraglichen Ischium- und Pubis-Fragmentes gelang bisher nicht, es ist sogar fraglich, ob beide überhaupt Vogelreste sind.

Inzwischen erhielt ich von Lord Walter Rothschild aus dem Zoological Museum zu Tring ein aus 21 Kisten bestehendes, Vogelreste aus Neuseeland, Madagaskar und den Chatham-Inseln enthaltendes wertvolles Material zur Bearbeitung. Beim Auspacken des Materials fand ich einige Knochen von *Muellerornis Betsilei* (englische und französische Autoren pflegen den Gattungsnamen als *Mullerornis* zu schreiben), dessen Tarsometatarsus besonders in Plantaransicht derart genau mit dem aus dem Fajum mir vorliegenden unvollständigen Tarsometatarsus übereinstimmte, daß ich schon im ersten Augenblick damit im Reinen war, daß der von Stromer gesammelte Tarsometatarsus die kontinentale Stammform der madagassischen Aepyornithiden repräsentiert.

Um diesen meinen ersten Eindruck beweisen zu können, müssen wir

a) die systematische Stellung von *Eremopezus* näher kennen lernen, dann

b) das neue Material mit *Muellerornis* und den übrigen Aepyornithiden vergleichen,

c) auf paläogeographischer Grundlage prüfen, ob, was von vornherein wahrscheinlich ist, die Aepyornithiden tatsächlich von Afrika her ihre Heimat eroberten, und ob die oligozäne Form wirklich die Stammform der madagassischen Formen sein kann.

1. Die systematische Stellung von Eremopezus.

Von *Eremopezus eocaenus* liegt bisher nur ein im Jahre 1902 gesammeltes distales Bruchstück des linken Tibiotarsus im Geological Department des British Museum (Natural History) vor. Schon ANDREWS betonte (1), „of course much more material is necessary, before the precise affinities of this bird can be fully determined, probably from no similar fragment of any other bone of the skeleton could so much information be derived".

Beide Condylen sind durch einen ausgesprochenen „intercondylar groove" getrennt „in this respect more resembling the tibiae of *Casuarius* and *Rhea* and differing from those of *Aepyornis* and *Struthio*, in which the groove is very shallow" (1).

Ein Vergleich der Tibiae von *Eremopezus* und eines Aepyornithiden schließt eine enge Beziehung beider Formen vollständig aus, so daß Eremopezus aus dem Formenkreis der Aepyornithiden auch weiterhin ausgeschlossen bleiben muß. In Bezug auf den Tibiotarsus der Aepyornithiden möchte ich besonders die überraschend tiefe Aushöhlung beiderseits lateral und medial der distalen Condylen betonen, die zur Insertion der Lig. ext. dient, und derart extrem entwickelt weder bei einem Vogel, noch bei den Dinosauriern vorkommt. Diese auffallend tief ausgehöhlte Insertionsstelle hängt wahrscheinlich mit der kräftigen Scharrbewegung dieser riesengroßen Formen zusammen.

2. Der Tarsometatarsus der Qatrani-Stufe
verglichen mit Muellerornis und den übrigen Aepyornithiden.
(Taf. I, Fig. 1, 3, 5, Taf. II, Fig. 1.)

Den unvollständigen Tarsometatarsus der Münchener Sammlung, dessen distales Drittel, wenn auch lädiert, erhalten ist, konnte ich auf Grund des mir vorliegenden rezenten Vergleichsmateriales nicht bestimmen und fand auch keinen Hinweis, wo, in welcher Ordnung oder Familie ich verwandte Formen zu suchen habe. Die Größe des Knochens, der einem Vogel von den Dimensionen eines Straußes angehört haben muß, sprach entschieden für einen „Ratiten", aber weder *Struthio*, noch *Rhea*, *Casuarius* etc. sind darin ähnlich gestaltet.

Die Lösung der Verwandtschaft gelang mir erst, wie schon erwähnt, als ich im von Lord W. ROTHSCHILD mir zur Bearbeitung nach Budapest gesandten stattlichen Material die Aepyornithiden zum Vergleich herbeizog.

Besonders *Muellerornis Betsilei* MILNE-EDWARDS und G. GRANDIDIER stimmt mit dem mir vorliegenden Tarsometatarsus derart überein, daß ich heute ebenso, wie im Augenblick des ersten Vergleiches überzeugt bin, daß der Tarsometatarsus der Qatrani-Stufe die kontinentale Stammform der madagassischen Aepyornithiden repräsentiert.

Der vorliegende Tarsometatarsus gehörte zum rechten Fuß des Tieres; die dorsale Fläche des Schaftes, soweit erhalten, weist dieselbe Skulptur auf, wie *Muellerornis*.

Wenn auch von den Trochleen des Knochens fast nichts mehr erhalten ist, können sie dennoch gut rekonstruiert werden und stimmen dann sowohl in dorsaler (Taf. I Fig. 1), wie auch in plantarer (Taf. I Fig. 3) Ansicht mit *Muellerornis* (Taf. I Fig. 2 u. 4) gut überein. Die *Trochl. II. (interna)*, soweit erhalten, unterscheidet sich kaum von der bei

Muellerornis Betsilei. Von der *Trochl. III. (media)* ist nur der dorsale Teil erhalten und scheint sich dorsal etwas geringer zu erheben (Taf. I Fig. 5, Taf. II Fig. 1) als bei *Mueller-ornis Betsilei* (Taf. I Fig. 6, Taf. II Fig. 2). Die *Trochl. IV. (externa)* ist medial (Taf. II Fig. 1) robuster gebaut als bei *Muellerornis Betsilei* (Taf. II, Fig. 2). Vom *Foramen m. add. dig. ext. (= Spatium interosseum)* finde ich keine Spur, was z. T. auch auf die starke Lädierung zurückzuführen ist (vgl. diesbezügl. Kap. 4 dieser Abhandlung).

In Plantaransicht (Taf. I Fig. 3), sowie in Lateral- und Medialansicht (Taf. I Fig. 5, Taf. II Fig. 1) fällt uns eine in der Mitte des Schaftes nach oben verlaufende Crista ins Auge, die eigentlich dem *Metatars. III.* entspricht. Dieses Element verliert im Laufe der postembryonalen Entwicklung seine Selbständigkeit bei der überwiegenden Mehrzahl der Vögel und bleibt eigentlich nur bei den Aepyornithiden derart auffallend hervorragend, wie wir es bei *Muellerornis* (Taf. I Fig. 4, 6, Taf. II Fig. 2) und *Aepyornis titan* ANDREWS (= *maximus Is. Geoffr.*) sehen. Da sie aber bei dem stratigraphisch älteren Tarsometatarsus der Qatrani-Stufe noch nicht so hoch hervorragt wie bei *Muellerornis* und *Aepyornis*, nehme ich an, daß die drei Metatarsalia auch hier, bei dieser Form mehr koossifizierten und die Koossi-fikation erst später, infolge der mit dem zunehmenden Körpergewicht gesteigerten Inanspruch-nahme des Tarsometatarsus nicht so weit fortschritt, wie bei der Stammform.

Abgesehen von dem plattgedrückten Distalteil ist der Durchschnitt des Schaftes drei-eckig, wie bei *Muellerornis* und *Aepyornis*.

In lateraler und medialer Ansicht (Taf. I Fig. 5, Taf. II Fig. 1) unterscheidet sich der Qatrani-Vogel kaum von *Muellerornis*. Infolge dieser überraschenden Übereinstimmung rechne ich den Qatrani-Vogel zu dem Formenkreis der Aepyornithiden u. z. als Repräsentanten einer besonderen Gattung. Den generischen Unterschied sehe ich in der scharfen, sich zu einer Kante ausziehenden Ausbildung der erwähnten Crista, die eigentlich, wie gesagt, dem Metatars. III. entspricht und die bei Muellerornis bedeutend breiter und an ihrer Kante durch eine Fläche abgestumpft ist.

Zur Bezeichnung des Qatrani-Vogels schlage ich den Namen *Stromeria fajumensis* vor, wo der Gattungsname die Verdienste Prof. STROMER's um die Erforschung der tertiären Tier-welt des Fajum-Gebietes, der Artname den Fundort bezeichnen soll.

Die Maßangaben von *Stromeria* verglichen mit denen einiger Aepyornithiden sind in mm:

	Stromeria fajumensis	Muellerornis Betsilei	Aepyornis Hildebrandti	Aepyornis maximus (= titan)
Maximale distale Breite .	55	62	97	160
Breite des Schaftes (ge-messen an jenem Punkt, wo die Crista sich plan-tar erhebt)	34	36	48	84
Dorso-plantare Höhe (der Crista)	17	20	25	44

3. Die paläogeographischen Beziehungen der Gattung Stromeria zu den Aepyornithiden.

Der Fundort von Stromeria. STROMER (3) gibt als Fundort von *Stromeria* die Qatrani-Stufe (Unter-Oligozän) nördlich von Dimeh (Fajum) an. Aus dieser Stufe stammt eine reiche Fauna süßwasser- und festlandbewohnender Wirbeltiere, besonders Mammalia und Reptilien. Ich verweise diesbezüglich außer den Arbeiten von STROMER und ANDREWS auf die Monographien von M. SCHLOSSER (Beiträge zur Kenntnis der oligozänen Landsäugetiere aus dem Fajum, Ägypten. Beitr. z. Paläont. u. Geol. Österr.-Ung. u. d. Orients, Bd. 24, Wien 1911) und M. SCHMIDT (Über Paarhufer der fluviomarinen Schichten des Fajum. Geolog. u. paläont. Abhandl. N. F. Bd. 11, Jena, 1913.) In der aus süßwasser-, sumpf- und waldbewohnenden Formen bestehenden Fauna repräsentiert *Stromeria* einen Sumpfvogel.

Laut den Forschungen STROMER's kann das unteroligozäne Alter der Qatrani-Stufe als gesichert gelten.

Nun handelt es sich darum, ob eine kontinentale Verbindung der Gattung *Stromeria* die Eroberung der Insel Madagaskar ermöglichte. Ich betone, daß diese Verbindung eine kontinentale gewesen sein muß, denn *Stromeria* konnte, seiner Größe nach, kein Flieger gewesen sein, muß somit als „Ratite" betrachtet werden und auch durch den Mosambique-Kanal konnte sie nicht nach Madagaskar schwimmen, da der extrem an das Laufen angepaßte kräftige Tarsometatarsus gar keine Adaption an das Schwimmen aufweist, sogar eine schwimmende Lebensweise völlig ausschließt.

Tertiäre kontinentale Verbindungen zwischen Afrika und Madagaskar. Die ehemalige kontinentale Verbindung zwischen dem afrikanischen Kontinent und Madagaskar ist ein schon zur Genüge erörtertes Problem der Paläogeographie.

Nach ARLDT (4) muß die Straße von Mosambique „schon im Pliozän vorhanden, aber jedenfalls schmäler gewesen sein, als jetzt, nach LEMOINE (Handb. d. region. Geol. VII 4) höchstens 30 km breit." Nach ARLDT „können wir die Trennung Madagaskars von Afrika mit ziemlicher Sicherheit ins obere Miozän setzen. Doch muß es auch schon in früherer Zeit von ihm getrennt sein, so im Oberoligozän, Untermiozän, der ganzen Kreide und Jura (HENNIG, E.: Die Entwicklungsgeschichte des afrikanischen Kontinentes. Petermanns Mitteil. LXIII. 1917)".

Auch STROMER führt Gründe für eine oligozäne Verbindung von Madagaskar und Afrika an, indem er 1916 (3) sich folgenderweise äußert: „Mit Madagaskar, aus dem man tertiäre Binnenfaunen noch nicht kennt, soll nach Ansicht mehrerer Tiergeographen eine mitteltertiäre Landverbindung bestanden haben, um die Einwanderung der im Norden entstandenen Halbaffen und mancher Viverridae und Insectivora über Afrika zu ermöglichen. Die Riesen-Testudo und die Pelomedusidae der Qatrani-Fauna könnten nun als Anzeichen eines Zusammenhanges mit dem madagassischen Gebiete gedeutet werden, da heute dort solche leben." Doch bemerkt STROMER weiter unten folgendes: „Das Nichtauffinden von Halbaffen und *Carnivora fissipedia* in der Qatrani-Fauna, umgekehrt von *Lepidosirenidae*, *Hyracoidea*, *Proboscidea* und von höheren *Primaten* in der heutigen und diluvialen Fauna Madagaskars sprechen aber gewiß nicht für einen oligozänen Zusammenhang beider Gebiete."

Wie aus der paläogeographischen Erdkarte des Oligozäns (ARLDT, l. c. 4, I. pag. 416 fig. 60) ersichtlich, hing Madagaskar nach MATTHEW und ARLDT mit Afrika zusammen, während KOSSMAT und FRITZ die Verbindung noch als unsicher sehen.

Die Entdeckung von *Stromeria* in der oligozänen Qatrani-Stufe spricht für die Richtigkeit der MATTHEW-ARLDT'schen Auffassung, wonach Madagaskar im Oligozän, wenigstens zu dessen Anfang mit Afrika zusammenhing, obzwar diese Stammform der Aepyornithiden eventuell schon im Eozän oder auch im weiteren Verlaufe des Tertiärs nach Madagaskar hinüberwandern konnte. Die Verbreitung dieses ausgesprochenen Aepyornithiden nach Madagaskar wäre auf anderen Wegen (fliegend oder schwimmend) nicht zu erklären.

Das stimmt übrigens auch mit den Ergebnissen ARLDT's 1919 (5) überein, indem der genannte Autor über die Verbindung Madagaskars mit Afrika in der dänischen Stufe (oberste Kreide) schreibt: „Sie bestand im Untereozän fort, Madagaskar als Halbinsel an Afrika anschließend. Im Mitteleozän wurde sie überflutet, tauchte aber im Obereozän wieder auf und versank erst am Ende des Miozäns."

Nach STROMER 1921 (20) S. 337/8, auch 1926 in der großen KAISER'schen Monographie: Die Diamantenwüste Südwest-Afrikas (II S. 150) darf man aber „eine enge, länger dauernde Landverbindung" von Madagaskar und Afrika „zur Miozänzeit als ganz unwahrscheinlich bezeichnen", so daß die Aepyornithiden entweder im Oligozän, oder noch früher, in die heutige Insel Madagaskar eingedrungen sein müssen.

Die radikale Hypothese von MATTHEW (21), wonach Madagaskar nur durch gelegentlich verschleppte oder durch Strömungen hinübergebrachte Säugetiere besiedelt wäre (die Chiropteren konnten hinüberfliegen), scheint im Lichte der Paläo-Ornithologie unhaltbar zu sein, besonders wenn er behauptet: „The extinct ground birds (MATTHEW meint hier die Aepyornithiden) are easily derived from flying birds."

Es ist mehr als wahrscheinlich, daß die fluglosen „Ratiten" tatsächlich aus Flugvögeln hervorgegangen sind und nicht, wie es LOWE (19) behauptet, nie Flieger gewesen waren. Insoferne stimme ich demnach MATTHEW bei, wenn er auch die Aepyornithiden aus Flugvögeln ableitet. Die Reduktion des Flugvermögens fand aber noch am afrikanischen Kontinent oder eventuell noch in Eurasien statt und die Aepyornithiden gelangten schon als flugunfähige Riesenformen nach Madagaskar.

Wenn mich daher das Vorhandensein eines primitiven Aepyornithiden im Unteroligozän des Fajum-Gebietes dazu veranlaßt, die Ansicht ARLDT's und MATTHEW's in Bezug auf die oligozäne Verbindung von Afrika und Madagaskar zu teilen, wobei ich betonen möchte, daß *Stromeria* oder seine Verwandten auch früher schon nach Madagaskar gelangen konnten, bin ich keinesfalls in der Lage, ARLDT's oben zitierte Zeilen völlig für richtig zu halten.

Besonders scharf muß ich Stellung nehmen gegen ARLDT's im Jahre 1916 veröffentlichte Auffassung (6): „Auf Madagaskar entwickelten sich die subfossilen Aepyornithiden, unter denen BURCKHARDT die drei Familien der Aepyornithiden, Flacourtiiden und Muellerornithiden unterscheidet. Die Aepyornithiden haben sich im Alttertiär auch nach Ostafrika verbreitet, wo der dem madagassischen *Aepyornis* nahestehende *Psammornis* gefunden worden ist. Bei dieser Gruppe ist nicht die geringste Beziehung vorhanden, die auch nur von fern auf einen nordischen Ursprung hinwiese. Die Muellerornithiden sind die primitivste Familie, aus der vielleicht auch die Struthioniden hervorgegangen sind".

Was die Verwandtschaft von *Psammornis* zu *Aepyornis* betrifft, so ist diese Frage noch immer nicht gelöst. ANDREWS, der die Eibruchstücke von *Psammornis Rothschildi* aus Touggourt, Süd-Algerien beschrieb (7), äußert sich darüber folgenderweise: „In these two fragments of egg-shell we have evidence of the former presence in Northern Africa of a hitherto unknown bird which laid an egg, considerably larger than the largest produced by any modern Ostrich, or than that of the fossil *Struthiolithus chersonensis* and only inferior in size to that of *Aepyornis titan*. Its affinities, so far as they can be made out, seem to be rather with *Aepyornis* and *Struthio*, than with the other Ratites: with *Struthio* the relationship was probably very close."

ANDREWS beruft sich zwar auf histologische Untersuchungen der Eischalenstücke von *Psammornis*, da aber diese weder bildlich noch durch Präparate belegt sind, wie ich mich im British Museum überzeugen konnte, möchte ich mit dem Urteil so lange warten, bis die Eibruchstücke von *Psammornis* mit der neuerdings von VAN STRAELEN (8) und CASEY-WOOD (9) so vorzüglich ausgearbeiteten Methode untersucht werden (vgl. hierüber noch Kapitel 5 dieser Arbeit).

Insoferne kann ich zwar ARLDT beistimmen, daß *Muellerornis* tatsächlich primitiver als *Aepyornis* ist. Die Entdeckung von *Stromeria* in der Qatrani-Stufe des Fajum spricht aber dafür, daß die Aepyornithiden sich aus Afrika nach Madagaskar verbreitet haben und nicht, wie es ARLDT meinte, umgekehrt, aus Madagaskar nach Ostafrika.

Auf die Gattung *Muellerornis* gehe ich etwas näher ein, da sie, ebenso wie *Flacourtia*, in der klassischen Revision von MONNIER (14) außer Acht gelassen wurde.

4. Über die systematische Stellung von Flacourtia.

A. MILNE-EDWARDS und G. GRANDIDIER charakterisieren die Gattung *Muellerornis* folgenderweise (10):

„Ces oiseaux, de taille moyenne, n'avaient pas l'apparance lourde et massive des *Aepyornis*, ils se rapprochaient davantage des Casoars. Nous ne les connaissons encore que par quelques uns des os de leur patte. Mais ces pièces permettent déja de reconnaitre trois espèces différentes".

Die drei Arten und ihre Charakteristik sind:

„Le *Muellerornis Betsilei* (Tibiotarsus 39, Tarsometatarsus 31 [?] cm) vivait dans beaucoup moins abondant. L'os de la jambe est grèle, l'os du pied n'est pas elargi, comme celui du genre précédent, et la section de la diaphyse figure un triangle presque isoscèle."

„*Muellerornis agilis* (Tibiotarsus 44 cm) habitait la côte sud ouest, nous n'avons de lui qu'un tibia remarquable par la manière donc les crètes osseuses intermusculaires et les coulisses tendineuses inférieure, se developpe en une crète particulièrement saillante.'

„*Muellerornis rudis* (Tibiotarsus 40 cm) dans le gisement de la côte ouest. Le tibia est à peu près de mème longeur, que celui du *M. Betsilei*, mais il est plus massif. La tarso-métatarsien est remarquable par l'élargissement de l'éxtrémité inferieure, dont les poulies digitales sont très grosses. Entre la mediane et l'externe se trouve un pertuis osseux pour le passage du tendon du muscle adducteur du doigt externe, pertuis qui n'existe pas ches les Aepyornis."

ANDREWS bemerkt in seiner Beschreibung von *Muellerornis Betsilei* über das *Foramen m. add. dig. ext.* folgendes (1):

„Just above the notch between the outer and middle trochleae, the oone is perforated by two foramina, one above the other but close together: of these the upper one pierces the bone and opens on the palmar aspect at the posterior end of the channel between the two trochleae, the other opens in the middle of the same channel; the upper or posterior of the perforations probably transmitted the tendon of the *adductor digiti externi*, but the function of the other is unknown to me."

Ich finde bei *Muellerornis Betsilei*, wie bei allen Vögeln, bei denen der *M. adduct. dig. ext.* durch ein Foramen passiert, nur ein einziges Foramen und halte es für möglich, daß an dem von ANDREWS untersuchten Objekt dieses einzige Foramen einfach teilweise noch mit Matrix erfüllt war und demzufolge in zwei getrennte Foramina geteilt erschien.

ANDREWS trennte 1895 (11) *Muellerornis rudis* wegen „the presence of a completely ossified bony bridge over the lower end of the groove for the adductor of the outer digit, a character absent in the more slender metatarsus above mentioned, as well as in the metatarsi of the species of *Aepyornis* at present known" von der Gattung *Muellerornis* ab und erhob sie zu dem Repräsentanten einer besonderen Gattung *Flacourtia*.

In seiner Studie über *Muellerornis Betsilei* revidierte ANDREWS (1) seinen diesbezüglichen Standpunkt, in dem er betont: „In a note on some remains of *Aepyornis* in the Tring Museum published some years ago I ventured to suggest that *Muellerornis rudis*, the metatarsal of which is said to be perforated by the tendon of the *adductor digiti externi*, should on that account be referred to a new genus, *Flacourtia*. If the presence of this characters were really of generic value taken alone, the present species should likewise be referred to *Flacourtia*; but since the presence or absence of this perforation seems to be of very variable occurence, it will be better to refer all the small, lightly built Aepyornithidae at present known to one genus, *Muellerornis*, at least till some more valid distinctions are found, which may very well happen when the skulls and skeletons of the various species are known."

Auch ich halte die generische Abtrennung von *Flacourtia* für unnötig, ja sogar für unmöglich. Auffallend ist es nun, daß weder A. MILNE-EDWARDS und G. GRANDIDIER (l. c.), noch LYDEKKER (12), ANDREWS und W. ROTHSCHILD (13) dieses *Foramen add. dig. ext.* als für alle Aepyornithiden charakteristisch erkannt haben.y LDEKKER und ANDREWS-ROTHSCHILD geben sogar die Familien-Diagnose der Aepyornithidae folgenderweise an: Skull with conspicuous cerebral dome; lachrymal fused with the frontal and orbital plate: Wing vestigial: Sternum recalling that of *Apteryx*, long, narrow, deeply notched anteriorly, and having ribfacets wide, and well spaced: posterior lateral processes short: metasternal element wanting. Pelvis very broad across post-acetabular region, recalling that of *Dinornis*; the post-ilia being separated by means of the long transverse processes of the synsacral vertebrae: ischia widely separated one from another, and from post-ilia: median dorsal post-acetabular fossa completely roofed by bone, perforated by a double row of foramina, on either side of the middle line: 3-toed, hallux wanting: tarso-metatarsus extremely wide and flattened antero-posteriorly, no foramen in the groovs between the 3rd and 4th trochlea: 3rd trochlea much the largest."[1])

Demgegenüber möchte ich betonen, daß das *Foramen add. dig. ext.* bei allen mir bisher bekannten Aepyornithiden, sowohl bei der Gattung *Aepyornis*, wie auch bei *Muellerornis* immer vorhanden ist, was aus einigen hier nach ANDREWS, BIANCONI und BURCKHARDT abgebildeten Tarsometatarsi (Taf. II Fig. 6—9) ersichtlich ist. Nur ist dieses Foramen bei der Gattung *Aepyornis* nach unten nicht geschlossen, wie auch bei denjenigen anderen Formen, wo dieses Foramen bis zum distalen intercondylaren Rand des Knochens verschoben ist. Die Ossifikation der distalen, das Foramen nach unten abschließenden Knochenbrücke findet erst bei älteren Tieren statt; bei juvenalen ist dieses Foramen in dem er-

---

[1]) Von mir gesperrt.

wähnten Falle, wenn es nämlich stark distalwärts verschoben ist, gegen unten stets offen. Bei *Aepyornis* konnte der infolge der Scharrbewegung heftig in Anspruch genommene M. add. dig. ext. die Verknöcherung hemmen.

Monnier (14), dem wir die einzige moderne Revision der Aepyornithiden verdanken, erkannte die Tatsache schon richtig, als er schrieb: „Au fond de l'échancrure plus profond, qui sépare la trochlée externe de la médiane et en regardant an avant, on aperçoit une coulisse á moitié fermée par de petites saillies osseuses pour le passage du tendon de l'adducteur du doigt externe; cette coulisse, transformée le plus souvent en canal par un ligament, est devenue, sur certains sujets, un anneau osseux." (Monnier 14, p. 157.)

In voller Übereinstimmung mit Andrews 1904 (1) haben wir also auch weiterhin nur die beiden Gattungen *Muellerornis* und *Aepyornis* zu unterscheiden, zu denen sich als Stammform *Stromeria* gesellt. Der Tarsometatarsus von *Stromeria* und *Muellerornis* ist schlank, der von *Aepyornis* robust, breit; *Muellerornis* ist augenscheinlich, dem Habitus der mir vorliegenden Knochen nach beurteilt, aber auch infolge der Entdeckung von *Stromeria* als der Vorfahre der Gattung *Aepyornis* zu betrachten.

5. Die Stammesentwicklung der Aepyornithiden.

In meinem demnächst erscheinenden „Handbuch der Paläoornithologie" erörtere ich auch die systematische Stellung der Aepyornithiden eingehend. Hier möchte ich nur einige kurze Bemerkungen anführen.

Milne-Edwards und Grandidier haben, wie bekannt, die Verwandtschaften der Aepyornithiden zu den Casuariiden und Dinornithiden mit den Worten Fürbringer's (15) „als die minder fernen beurteilt und einzelne Autoren (z. B. Valenciennes, Gervais, Carus, Woodward, Hoernes etc.) haben nicht gezögert, *Aepyornis* mehr oder minder innig mit den Dinornithidae zu verbinden; auf der anderen Seite hat namentlich von Haast hervorgehoben, daß beide durch manche fundamentale Differenzen . . . sich unterscheiden und nur in dem pachydermen Charakter ihrer Knochen einander nahe kommen." Über die kuriose Auffassung von Bonaparte, der die Aepyornithiden mit *Didus*, und von Bianconi, der sie mit den Accipitres verband, braucht hier schon nicht diskutiert werden; beide Auffassungen haben ja nur mehr einen historischen Wert.

Fürbringer stellte 1902, abweichend von seiner Auffassung von 1888 (15), die Aepyornithiden als Vertreter einer Unterordnung zwischen die Casuariiformes und Apterygiformes (16).

Burckhardt denkt daran, daß die Muellerornithiden Verwandte der Casuariiden oder ganz selbständige madagassische Formen sind, und „da auch ein *Dromaeus siwalensis* von Lydekker beschrieben ist, ist die Möglichkeit offen, daß die Casuariiden ursprünglich den Südrand von Eurasia bewohnten und auseinanderwichen, die einen nach Madagaskar, die anderen nach Neuguinea und Nordaustralien", ist seiner Meinung nach „die Möglichkeit . . . zuzugeben, daß nämlich ebensowohl Muellerornithen, Flacourtien und Aepyornithen drei genetisch von einander unabhängige Endformengruppen sein können" (17).

Wie bekannt, ist *Dromaeus siwalensis* Lydekker ein Artiodactyl (18), so daß die kühne Hypothese Burckhardt's ihren ersten, schon an sich schwachen Grundpfeiler verliert.

Auch Monnier (**14**) leitet die Aepyornithiden aus der Siwalik-Fauna, u. z. aus *Hypselornis siwalensis* Lydekker ab und stellt sich die Herkunft der Aepyornithiden folgenderweise vor:

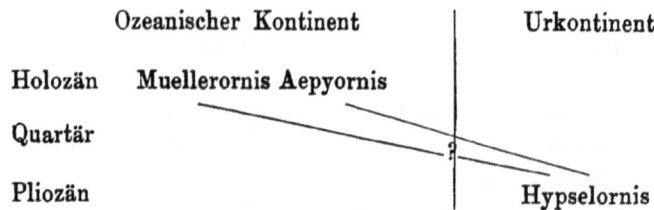

Ozeanischer Kontinent | Urkontinent

Holozän   Muellerornis Aepyornis

Quartär

Pliozän   Hypselornis

Percy Roycroft Lowe, der vor kurzem eine geistreiche, meiner Meinung nach aber anfechtbare Studie über die „Ratiten" publizierte (**19**), in welcher er alle fluglosen straußartigen Riesenformen als enge Verwandte der Struthiones betrachtet, äußert sich über die Herkunft der Aepyornithes folgenderweise:

„Judging from the wing-bones *Aepyornis* may have been a slower-moving bird than *Struthio*, so that on the invasion of the African continent by its present fauna it seems conceivable, that it found conditions altogether too adverse, conditions which did not exist in its last insular retreat. Its legs also where thick and heavy, so that probably they were an additional handicap in the struggle against an invading carnivorous fauna.

While, therefore, it seems probable, that *Struthio* was derived from a Eurasian source (Pikermi and Siwalik fauna), and that it invaded the African continent along with its present mammalian fauna, it may have taken the place of the Aepyornithes, of which the last remnant almost literally torn from the continent, was preserved in the shrinking mass now known as Madagascar. It is true, of course, that there is little or no actual fossil evidence to support the idea that the Aepyornithes inhabited Africa before the advent of *Struthio*, so that the above suggestion is purely conjectural. Nevertheless, the strongly mineralized fragments of the huge struthious egg described by Andrews (1910) as *Psammornis rothschildi* may well have been Aepyornithine, especially if, as suggested by Andrews, they had originally been brought up from a well of considerable depth near which they were found about twenty miles east of Touggourt in Southern Algeria."[1]

Ich bin fest überzeugt, daß *Stromeria* jene Form repräsentiert, die Lowe in seiner geistreichen, zitierten Hypothese angenommen hat, und die (bei dem heutigen Stand unserer paläoornithologischen Kenntnisse) die Aepyornithes nach Madagaskar abgab, bevor die Struthiones mit der Pikermi-Fauna aus Eurasien in Afrika eintrafen.

Abgesehen von der problematischen Stellung von *Psammornis*, deren Eischalenstruktur wiederholt untersucht werden müßte, sehe ich die Stammesentwicklung der Aepyornithiden mit folgenden Etappen belegt. Dabei ist, wie die auf Seite 6 angegebenen Maße zeigen, ein Größenwachstum im Verlauf der Stammesentwicklung anzunehmen, was auch der Gaudry-Depèret'schen Regel entspricht.

---

[1] Lowe nimmt drei Gattungen: *Aepyornis*, *Muellerornis* und *Flacourtia*, sowie 11 Aepyornis-„Arten" an, scheint daher — obzwar er Andrews 1904 (**1**) zitiert — nicht bemerkt zu haben, daß Andrews die Gattung *Flacourtia* eingezogen hat, geschweige denn, daß er Monnier's Revision nicht kennt, wo die 11 „Arten" auf viere zusammengezogen wurden.

Madagaskar (Quartär und ?Tertiär)
Aepyornis Hildebrandti   Aepyornis maximus
„   gracilis   „   medius
Muellerornis Betsilei, M. rudis, M. agilis

Stromeria fajumensis Fajum (Unteroligozän, Qatrani-Stufe)
?
Psammornis Rothschildi (Algerien, Eozän).

6. Die Altersfrage der Aepyornithiden.

Die gesamte Literatur spricht über die Riesenvögel der Insel Madagaskar als sub-
fossile und rezente, in historischen Zeiten ausgestorbene Laufvögel. (Siehe auch ZITTEL:
Grundzüge III. Aufl. und ABEL: Stämme der Wirbeltiere.)

Der überraschend gute Erhaltungszustand mancher Eifragmente dieser Riesenvögel
im Verein mit den z. T. tatsächlich vor kurzen Jahrhunderten ausgestorbenen Dinornithiden
von Neuseeland sprechen auch wirklich für diese Auffassung. Gar manche der *Aepyornis*-
Knochen haben auch ein ausgesprochen „pleistozänes Aussehen“.

Gelegentlich der Entdeckung von *Stromeria*, als ich gezwungen war, mich eingehender
mit den Resten der Aepyornithiden, und besonders Muellerornithiden zu beschäftigen, fiel
mir aber ein nicht geringer Unterschied zwischen den verschiedenen Resten der madagassischen Riesenvögel auf. Besonders die mir vorliegenden Reste von *Muellerornis Betsilei*,
aber auch ein Teil der von *Aepyornis Muelleri* MILNE-EDWARDS und GRANDIDIER (= *Aepyornis Hildebrandti* BURCKHARDT) sind augenscheinlich bedeutend älter, die Fossilisation dieser Reste ist
bei weitem mehr fortgeschritten, als bei den meisten *Aepyornis*-Resten.

Obzwar die Farbe des Knochens allein keinesfalls auf das Alter des Restes einen
Schluß zu ziehen genügt, muß ich hervorheben, daß alle *Muellerornis*-Reste, sowie ein
Teil der *Aepyornis Hildebrandti*-Reste ihrer Farbe nach rostbraun und viel mehr fossiliert
sind, als die hellgelben und dunkelbraunen Knochen von *Aepyornis maximus* Is. GEOFFROY
(= *titan* ANDREWS).

Auch das spezifische Gewicht der rostbraun gefärbten *Muellerornis*-Knochen, sowie
der einiger *Aepyornis Hildebrandti* ist bedeutend größer, als das der übrigen.

Allerdings muß ich bemerken, daß mir von *Aepyornis Hildebrandti* sowohl rostbraun
gefärbte, schwere, einen „tertiären Habitus“ aufweisende Knochen, wie auch dunkle, leichte,
einen „subfossilen Habitus“ tragende Stücke vorliegen, was mit der Matrix des Fundortes
zusammenhängt. Dennoch kann ich mir schwer vorstellen, daß alle uns bekannten
Aepyornithiden-Reste aus Madagaskar geologisch gleichalterig sind. Ich denke
vielmehr, daß in diesem Material tertiäre mit quartären Formen gemischt sind. Es wäre
eine dankenswerte Unternehmung, wenn das gesamte madagassische, bisher ausschließlich
als quartär und subfossil geltende Material, inbegriffen mit den Mammalier-Resten über-

prüft würde. Dann könnte eventuell die ganze madagassische paläontologische Faunistik inbezug auf ihre Chronologie revidiert werden. Weitere diesbezügliche Anhaltspunkte gebe ich in meinem erwähnten „Handbuch der Palaeoornithologie".

7. Die fossile Ornis Madagaskars.

Bisher sind außer den ausgestorbenen Aepyornithiden:

Muellerornis Betsilei MILNE-EDWARDS und GRANDIDIER
  „   *agilis*   MILNE-EDWARDS und GRANDIDIER
  „   *rudis*   MILNE-EDWARDS und GRANDIDIER
Aepyornis gracilis MONNIER
  „   *medius* MILNE-EDWARDS und GRANDIDIER
  „   *Hildebrandti* BURCKHARDT
  „   *maximus* Is. GEOFFROY

folgende fossile madagassische Vögel bekannt:[1]

Centrornis Majori ANDREWS (The Ibis, 1897, 344)
Chenalopex sirabensis (ANDREWS l. c.)
Anas cfr. *Melleri* (ANDREWS l. c.)
Tribonyx Roberti ANDREWS (l. c.)
Ardea (Mesophoyx) intermedia (ANDREWS l. c.)
Platalea tenuirostris (ANDREWS l. c.)
Plotus cfr. *nanus* (ANDREWS l. c.)
Astur sp. (ANDREWS l. c.)
Coua primaeva MILNE-EDWARDS und GRANDIDIER (Bull. Mus. d'hist. nat. 1895, 11).

Centrornis Majori steht nahe zur Gattung *Chenalopex*, u. z. zu der aus Brasilien bekannten Form *Ch. pugil* WINGE; die Gattung kommt in Afrika auch rezent vor. Auch die Gattung *Plotus* ist in der heutigen Ornis Afrikas vertreten, ebenso *Anas* und *Platalea*. Entschieden australisch ist *Tribonyx*, während *Ardea intermedia* Indien, China, Japan und die Sunda-Inseln bewohnt.

Wenn auch die rezente Ornis Madagaskars mehr Anklänge an die der Maskarenen, Komoren und Seychellen aufweist, steht es dennoch fest, daß die Schwimmer aus Westen her, die Laufvögel aber, wie *Stromeria* beweist, direkt vom afrikanischen Kontinent Madagaskar erobert haben.

8. Die fossilen Vögel Afrikas.

Um einen Überblick über die ehemalige, heute noch allerdings äußerst dürftig bekannte fossile Ornis Afrikas zu ermöglichen, stelle ich im Folgenden die bisher bekannten fossilen Vögel dieses Kontinentes zusammen:

Psammornis Rothschildi ANDREWS (Verhandl. V. internat. Ornithol. Kongreß. Berlin 1910, Berlin 1911, 173). Es liegen vor Eifragmente aus der Nähe von Touggourt. Geologisches Alter: Eozän.

---

[1] Noch jetzt lebende Gattungen oder Arten sind mit einem Stern bezeichnet.

Gigantornis Eaglesomei ANDREWS (Proc. Zool. Soc. 1916, 519, Geol. Mag. 1916, 333). Im British Museum (Natural History) liegt ein Sternum vor aus dem Ombialla District, S. Nigerien. Geologisches Alter: ?Eozän.

Eremopezus eocaenus ANDREWS (Proc. Zool. Soc. London 1904, 163). Im British Museum liegt vor ein Tibiotarsus. Fundort: Birket-el-Qerun (Fajum), Geologisches Alter: Qatrani-Stufe (Unteroligozän).

Stromeria fajumensis LAMBRECHT (beschrieben oben), Material: Tarsometatarsus im Münchener Museum. Fundort: N. von Dimeh, Fajum, Geologisches Alter: Qatrani-Stufe (Unteroligozän).

Ciconiidarum n. g. n. sp. In der Stuttgarter Naturaliensammlung liegt vor ein von MARKGRAF aus den unteroligozänen fluviomarinen Schichten des Fajum, nördlich Qasr-el-Qerun gesammelter, fast vollständiger Schädel. Die Herren Dr. F. BERCKHEMER (Stuttgart) und Prof. W. O. DIETRICH (Berlin) beauftragten mich mit der Beschreibung des prachtvollen Fossils, das nach den vorläufigen Untersuchungen von DIETRICH einen Riesenstorch repräsentiert. Die Beschreibung folgt in einem besonderen Aufsatz. Vielleicht gehört ebenfalls zu dieser Form jene Ulna, die C. W. ANDREWS als *cfr. *Ardea goliath* ANDREWS (Geol. Mag. 1907, 100) anführt. Fundort: Fajum. Geologisches Alter: ?Unteroligozän.

?**Struthio sp.* STROMER (Zeitschr. Deutsch. Geol. Ges. 1902, Sitz.-Ber. 108). Es liegt vor ein Halswirbelstück (Taf. II Fig. 3). Fundort: Garet-el-Muluk im Natrontal. Geologisches Alter: Mittelpliozän. Leg. D. Dewitz. Material im Senckenberg-Museum zu Frankfurt a. M.

Den Halswirbel habe ich mit den Wirbeln von *Struthio camelus* verglichen; er ist aber bedeutend breiter, massiver, robuster gebaut, so daß ich selbst die generische Stellung dieser Form bezweifle.

Von demselben Fundort erwähnt STROMER (l. c.) den Radius eines mittelgroßen Vogels. (Angeblich im Frankfurter Museum.)

*Struthio sp. THOMAS erwähnt (Mém. Soc. Géol. France ser. 3. Vol, III. partie II. p. 45) aus dem Tertiär des Uadi Seguen und Uadi Gjelfa, Algerien einen „Echassier de la taille de l'Autruche".

*Anas luederitzensis n. sp. STROMER erwähnt aus dem Mitteltertiär der Diamanten-felder Deutsch-Südwestafrikas (Ergebn. der Bearbeitung mitteltertiärer Wirbeltierreste aus Deutsch-Südwestafrika. Sitz.-Ber. d. Bayer. Akad. Wiss. math.-physik. Klasse 1923, 253ff.; KAISER, E.: Die Diamantenwüste Südwestafrikas II, Berlin 1926, p. 139) drei Bruchstücke von Vogelknochen. Fundort: 30 m Tiefe eines Bohrloches 2 km westlich des Betriebes 4 der Kolonial-bergbau-Gesellschaft, etwa 20 km südlich von Lüderitzbucht (kartographisch genau fest-gelegt auf der Kartenskizze der Fossilfundorte der Diamantenfelder in KAISER l. c. II. 108, 1926).

Es liegt (im Münchener Museum) ein proximales Humerus-Stück, ein Caput Coracoidei und ein Bruchstück eines Os metacarpi vor. Letzteres ist derart fragmentarisch, daß die syste-matische Stellung nicht bestimmt werden konnte; wahrscheinlich gehörte es einem Passeriden.

Umso charakteristischer sind die beiden übrigen Reste, die sogar eine nähere Be-sprechung erfordern.

Die auf Taf. II fig. 4—5 abgebildeten Humerus und Coracoidstücke belege ich nach dem Fundort mit dem Namen **Anas luederitzensis*. Beide stammen aus dem Mitteltertiär

(Süßwasserablagerung voll von Resten von Anura) des Bohrloches 4 des Deutsch-Südwest-Afrikanischen Diamantfeldes, unweit Lüderitzbucht.

Der Humerus (Taf. II Fig. 4), dessen proximale Hälfte erhalten ist, steht morphologisch zwischen *Anas *querquedula* L. *und Querquedula *cyanoptera*. Der auffallendste Unterschied, worin das vorliegende Stück sich von beiden unterscheidet, besteht darin, daß die *Fossa pneumatica* nicht siebartig durchlöchert, wie bei den meisten Anatiden, sondern kompakt ist, wie bei *Fuligula *nyroca* L. Das *Tuberculum laterale* ist um etwas kürzer, als bei *Anas querquedula* L. und *Querquedula cyanoptera*.

Auch das vorliegende Coracoid-Bruchstück (Taf. II Fig. 5) steht zwischen beiden genannten Formen, nur ist es, ebenso wie der Humerus, etwas robuster gebaut.

———

Literatur

1. Andrews, C. W.: On the Pelvis and Hind-Limb of Mullerornis betsilei M. Edwards and Grandidier; with a note on the Occurence of a Ratite Bird in the Upper Eocene Beds of the Fayum, Egypt. — Proc. Zool. Soc. London, 1904, I, 163—171. Plate 5, Textfig. 15. London, 1904.

2. Andrews, C. W.: A Descriptive Catalogue of the Tertiary Vertebrates of the Fayum, Egypt. Based on the Collections of the Egyptian Gov. in the Geol. Mus. Cairo, and on the Collection in the British Museum. — London, 1906.

3. Stromer, E. v.: Die Entdeckung und die Bedeutung der land- und süßwasserbewohnenden Wirbeltiere im Tertiär und in der Kreide Ägyptens. — Zeitschr. Deutsch. Geol. Ges. Bd. 68. Abh. p. 397—425. Berlin, 1916.

4. Arldt, Th.: Handbuch der Palaeogeographie. — Bd. I, p. 663 ff. Berlin, 1922.

5. Arldt, Th.: Die Verbindung Madagaskars mit Afrika in der geologischen Vorzeit. — Geol. Rundschau X. H. 1—3, p. 63—82. Leipzig, 1919.

6. Arldt, Th.: Die Ausbreitung der Vögel. — Arch. f. Naturgesch. Abt. A. Bd. 81, H. 10, p. 101. Berlin 1916.

7. Andrews, C. W.: Note on some fragments of the fossil egg-shell of a large struthious bird from Southern Algeria, with remarks on some pieces of the egg-shell of an Ostrich from Northern India. — Verhandl. V. Internat. Ornithol. Kongr., Berlin 1910, p. 169—174. Berlin 1911.

8. Straelen, V. van: Sur les oeufs fossiles du Crétacé supérieure de Rognac en Provence. — Bull. Class. Sci. l'Acad. roy. de Belg. (5) IX. 14—26, 1923.
   — The microstructure of the Dinosaurian Eggshells from the Cretaceous beds of Mongolia. — American. Mus. Novit. Nr. 173, 1925.
   — Les oeufs de Reptiles fossiles. — Palaeobiologica I. 295—312, Wien, 1928.

9. Wood-Casey, A.: The fossil eggs of Bermudan Birds. — The Ibis 1923. 193—207.
   — A fossil Birds egg from the Post-Tertiary Mudrocks of Fiji. — The Auk. XXIII. 401—408. 1925.

10. Milne-Edwards, A. und Grandidier, G.: Observations sur les Aepyornis de Madagascar. C. R. Acad. Sci. CXVIII, 122—127, Paris 1894.

11. Andrews, C. W.: On some Remains of Aepyornis in the Hon. Walther Rothschild's Museum at Tring. — Novit. Zool. II, 23—25. Tring, 1895.

12. Lydekker, R.: Catalogue of the fossil birds in the British Museum, 212 ff. — London 1891.

13. Rothschild, W.: On the former and present distribution of the so-called Ratitae or Ostrich-like birds with certain deductions and a description of a new form by C. W. Andrews. — Verhandl. V. internat. Ornith. Kongr. Berlin 1910. 144 ff. Berlin, 1911.

14. Monnier, L.: Les Aepyornis. — Annales de Paléontologie. VIII. 125—172. Paris, 1913.

15. Fürbringer, M.: Untersuchungen zur Morphologie und Systematik der Vögel, zugleich ein Beitrag zur Anatomie der Stütz- und Bewegungsorgane. — Amsterdam-Jena, 1888. Vol. II. p. 1436, 1463 ff. hier weitere Literatur.

16. Fürbringer, M.: Zur vergleichenden Anatomie des Brustschulterapparates und der Schultermuskeln. V. Teil, Vögel. — Jen. Zeitschr. f. Naturw. Bd. 36. N. F. 29. 1902. 624.

17. Burckhardt, R.: Das Problem des antarktischen Schöpfungszentrums vom Standpunkt der Ornithologie. — Zool. Jahrb. Abt. f. Syst. Geogr. und Biol. XV. H. 6. Jena, 1902.

18. Lambrecht, K.: Fossilium Catalogus. I. Animalia. Pars 12: Aves. Berlin, 1921.

19. Lowe, P. R.: Studies and observations bearing on the phylogeny of the Ostrich and its allies. — Proc. Zool. Soc. London 1928, 193.

20. Stromer, E.: Erste Mitteilung über tertiäre Wirbeltier-Reste aus Deutsch-Südwest-Afrika. Sitz.-Ber. bayer. Akad. Wiss., math.-phys. Kl., Jahrg. 1921, S. 331 ff., München 1921.

21. Matthew, W. D.: Climate and Evolution. New-York Acad. Sci., XXIV, pp. 202—203, New-York 1915.

Tafelerklärung

Tafel I

Fig. 1. *Stromeria fajumensis* Lambrecht. Rechter Tarsometatarsus, untere Hälfte, Dorsalansicht.

Fig. 2. *Muellerornis Betsilei* Milne-Edwards und Grandidier. Desgleichen.

Fig. 3. *Stromeria fajumensis* Lambrecht. Dasselbe, Plantaransicht.

Fig. 4. *Muellerornis Betsilei* Milne-Edwards und Grandidier. Dasselbe, desgleichen.

Fig. 5. *Stromeria fajumensis* Lambrecht. Dasselbe, Lateralansicht.

Fig. 6. *Muellerornis Betsilei* Milne-Edwards und Grandidier. Dasselbe, desgleichen.

    2—4 = Metatarsale 2—4, fae = Foramen musc. add. digit. ext.

        Alle Abbildungen in natürlicher Größe.

Tafel II

Fig. 1. *Stromeria fajumensis* Lambrecht. Rechter Tarsometatarsus, untere Hälfte, Medialansicht.

Fig. 2. *Muellerornis Betsilei* Milne-Edwards und Grandidier. Dasselbe, desgleichen.

Fig. 3. ?*Struthio sp.* Halswirbelstück, Ventralansicht.

Fig. 4. *Anas luederitzensis* Lambrecht. Rechter Humerus, Oberende, Lateralansicht.

Fig. 5. Desgleichen, linkes Coracoid, Medialansicht.

Fig. 1—5 in natürlicher Größe.

Fig. 6. *Muellerornis Betsilei* Milne-Edwards und Grandidier. Linker Tarsometatarsus in ¹/₄ nat. Größe. Nach C. W. Andrews (Proc. Zool. Soc. London 1901, Taf. 5, Fig. 8). Das Foramen ist ganz umschlossen, aber in dieser Lage nicht durchsichtig, denn es verläuft schief, antero-distal-posterior.

Fig. 7. *Aepyornis Hildebrandti* Burckhardt. Rechter Tarsometatarsus in ¹/₄ nat. Größe. Nach Burckhardt (Paläont. Abhandl., VI, Taf. 16, Fig. 1b). Das Foramen ist eine distal verengte Einbuchtung.

Fig. 8. *Aepyornis maximus* Is. Geoffroy. Linker Tarsometatarsus, untere Hälfte, in ¹/₄ nat. Größe. Nach Bianconi (Mem. Acc. Sci. Ist. Bologna IV, Taf. 12, Fig. 1a). Das Foramen ist eine tiefe, distal offene Einbuchtung.

Fig. 9. *Aepyornis maximus* Is. Geoffroy = *Aep. titan* Andrews. Linker Tarsometatarsus in ¹/₁₀ nat. Größe. Originalskizze nach einem Stück des Zool. Museum Tring. Das Foramen ist fast ringförmig geschlossen.

    2—4 = Metatarsale 2—4, fae = Foramen musc. add. digit. ext.

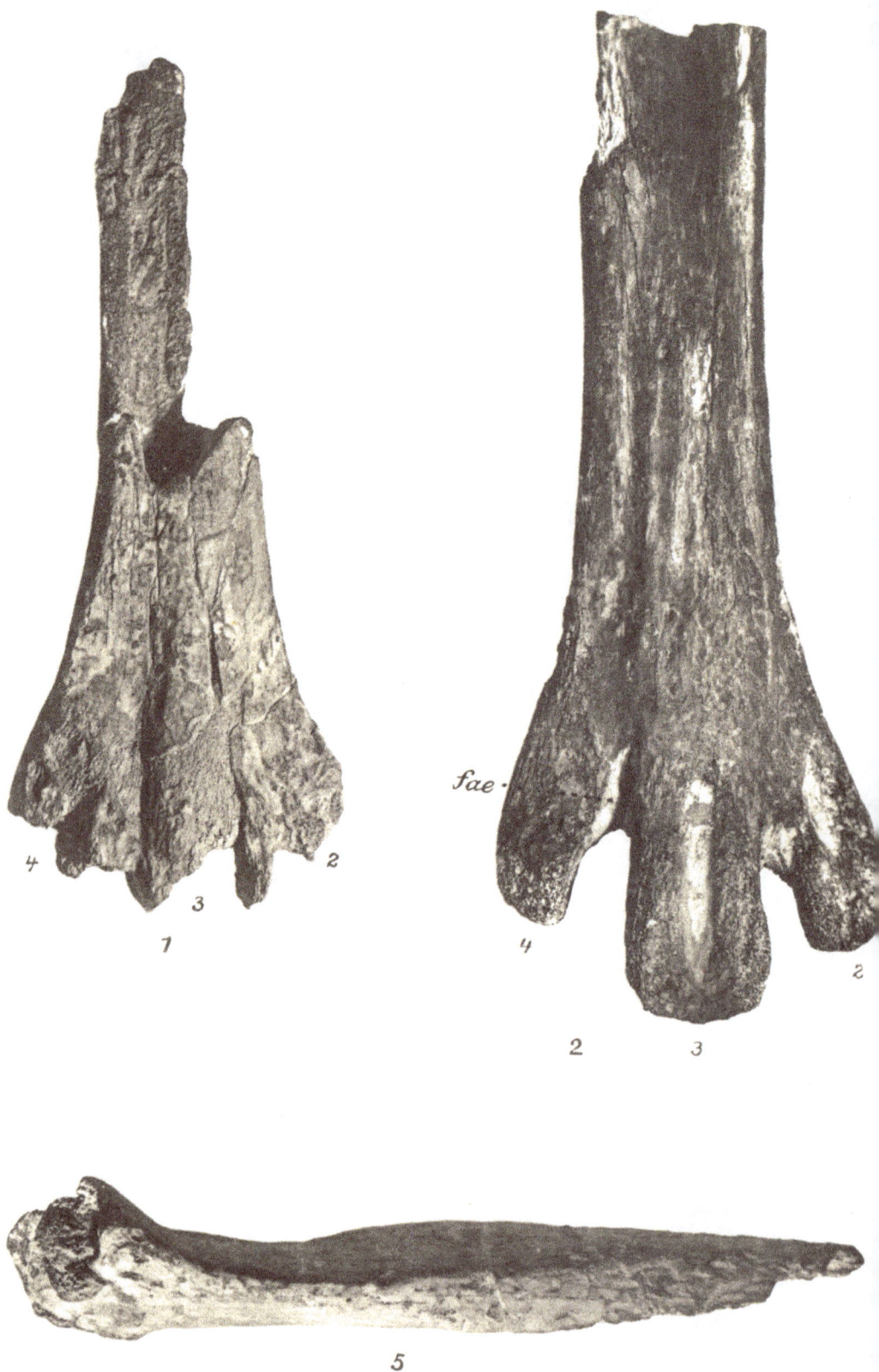

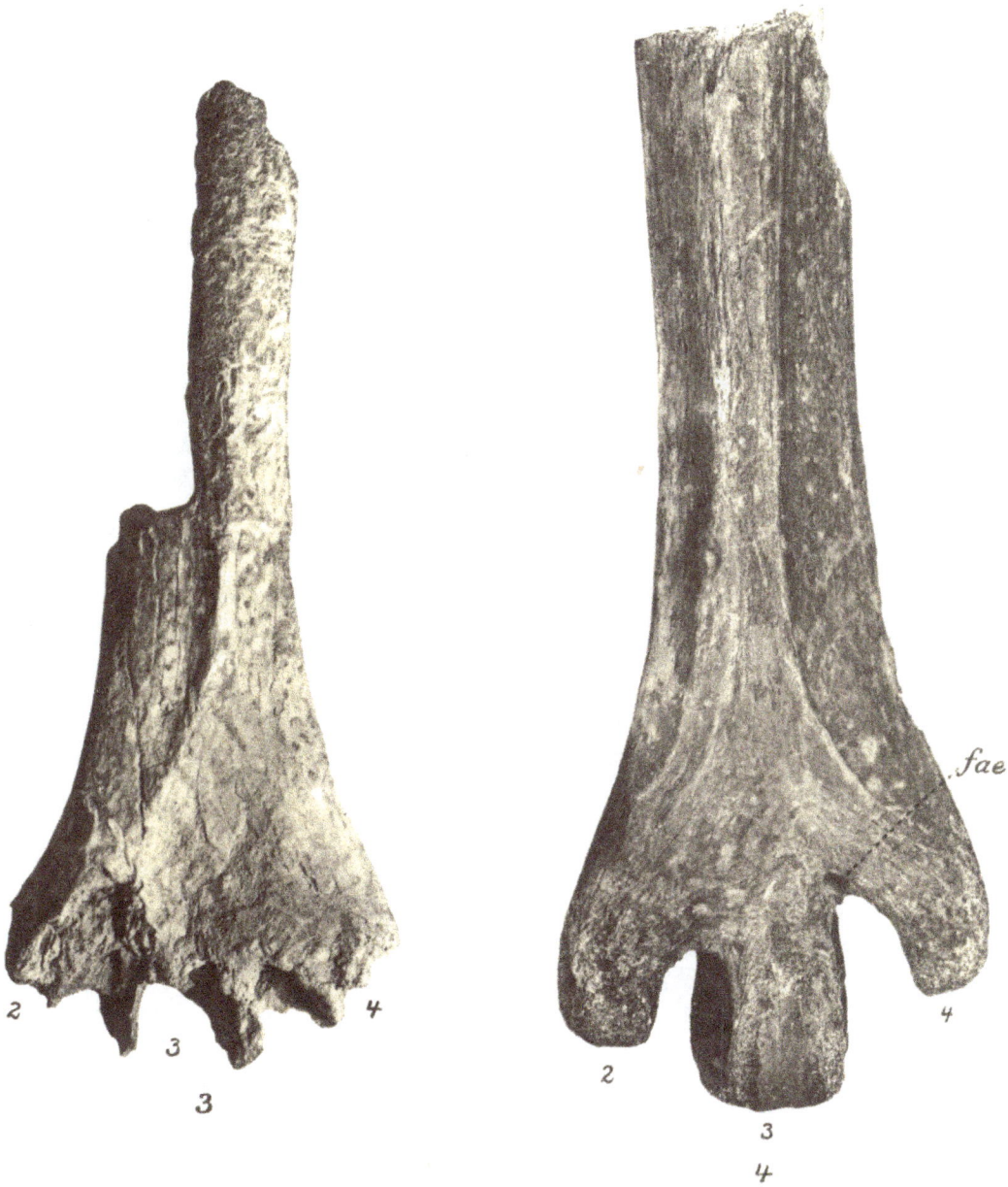

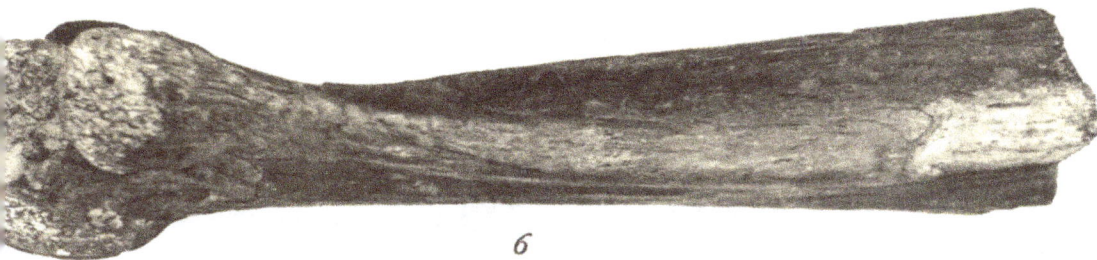

Lichtdruck J. B. Obernetter, München

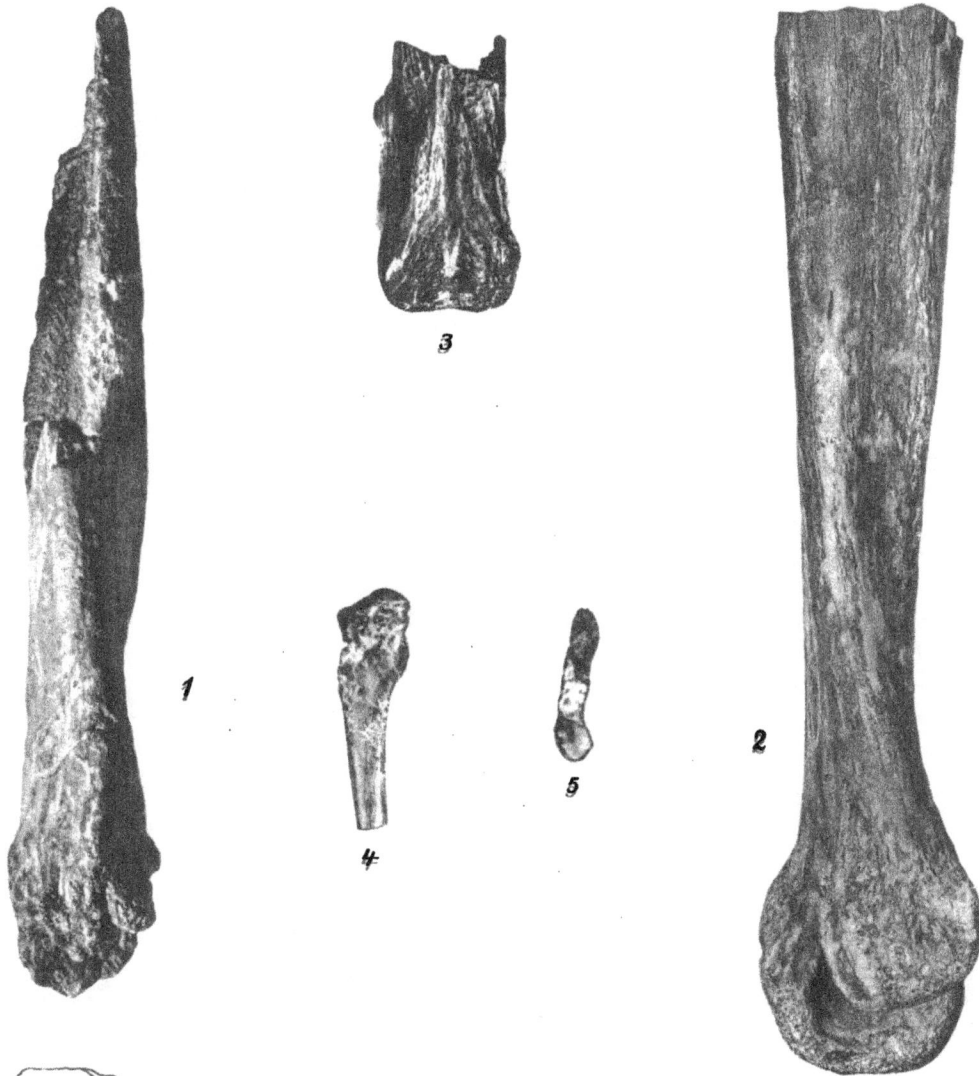

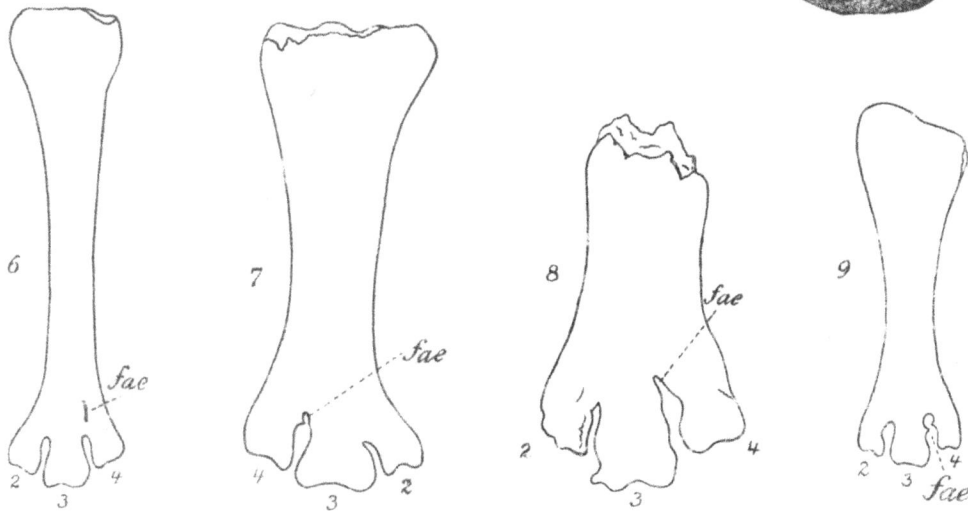

Lichtdruck J. B. Obernetter, München